笑翻天

1分鐘生物課

劉天伊
編著

繪時光
繪圖

林大利
審定

④ 天上飛、海裡游的動物篇

U0001275

野人

GRAPHIC TIMES 065

笑翻天 1 分鐘生物課④
【天上飛、海裡游的動物】哇～啦～啦（配漫畫真好）

編　　　著	劉天伊
繪　　　圖	繪時光
繁體版審定	林大利
特 約 策 劃	梁策
特 約 編 輯	張鳳桐
社　　　長	張瑩瑩
總 編 輯	蔡麗真
美 術 編 輯	林佩樺
封 面 設 計	TODAY STUDIO
校　　　對	林昌榮
責 任 編 輯	莊麗娜
行銷企畫經理	林麗紅
行 銷 企 畫	李映柔
出　　　版	野人文化股份有限公司
發　　　行	遠足文化事業股份有限公司（讀書共和國出版集團）

地址：231 新北市新店區民權路 108-2 號 9 樓
電話：（02）2218-1417
傳真：（02）86671065
電子信箱：service@bookrep.com.tw
網址：www.bookrep.com.tw
郵撥帳號：19504465 遠足文化事業股份有限公司
客服專線：0800-221-029

特 別 聲 明：有關本書的言論內容，不代表本公司／出版集團之立場與
意見，文責由作者自行承擔。

法律顧問　華洋法律事務所　蘇文生律師
印　　製　凱林彩色印刷股份有限公司
初　　版　2024 年 05 月 02 日
初版 3 刷　2024 年 07 月 31 日

《笑翻天 1 分鐘生物課④：【天上飛、海裡游的動物】哇～啦～啦（配漫畫
真好）》中文繁體版透過成都天鳶文化傳播有限公司代理，經瀋陽繪時光文
化傳媒有限公司授予野人文化股份有限公司獨家發行，非經書面同意，不得
以任何形式，任意重製轉載。

國家圖書館出版品預行編目（CIP）資料

笑翻天 1 分鐘生物課④／劉天伊編著；繪時光繪圖 .-- 初版 .-- 新北市：野人文化股份有限公司出版：遠足文化事業股份有限公司發行，2024.05.02
4 冊；15×21 公分 .--（Graphic times；65）ISBN 978-626-7428-55-9（第 4 冊：平裝）　1.CST: 動物學　2.CST: 漫畫
380　　　　　　　　　　　　　　　　　　　　　　　　　　　　　　　　　　　　　　　113004597

● 目錄 ●

001

別看我個子小，
戰鬥力可強了
「江湖傳説『冷面殺手』就是伯勞鳥」

005

除了不能重生，
我基本就是無敵的存在
「殺氣騰騰、速度拔尖的千里眼狩獵者，小心別被鷹給盯上」

011

我就是瘋狂小摩托
「不愛飛行卻跑得飛快，大家都好怕的響尾蛇都不是走鵑的對手」

017

時尚的我又出現了
「為愛變裝提升魅力，朱鷺不只是活化石，還有『東方寶石』的美譽」

021

你不懂，
高樓的景觀才好啊！
「對房子的選擇很挑剔，但裝潢品味
卻很一般的鴛鴦

025

我的腦袋上還有長長的嘴，
並不是奇異果長了腿
「會行走的奇異果？我是奇異鳥
啦！」

031

無腳鳥也有自己的好方法
「大半輩子都在飛行，雨燕連睡覺都
能飛！」

035

我不笨，我只是有點兒重
「鸚鵡界中出了名的傻乎乎，鴞鸚鵡
就是名副其實的傻大個兒」

039 一般的樹我可是沒興趣的喔
「就是愛挑戰極限，吉拉啄木鳥就愛在仙人掌上蓋房子」

043 我宣佈這棵樹
被我的家族承包了
「挑戰鳥界最大巢，築巢技藝精湛的群居織巢鳥就愛住在一起才熱鬧」

047 會上樹的鳥中大貓熊
「數量稀少，一不小心就要絕種的中華秋沙鴨」

053 我完美地體現不對稱的美感
「招潮蟹牠身上那對大鉗子可不是好玩的！」

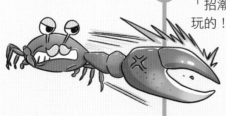

061 以柔克剛的大師

「連硬骨子的螃蟹遇到他，也只能乖乖成為大章魚的盤中美食！」

067 雖然我很會變色，但我是色盲

「連睡覺也要變來變去的偽裝大師，不張眼你就找不到牠的章魚」

071 變男變女，變變變

「一秒瞬變的變性絕技，只有海鰻辦得到。」

075 團結力量大

「打不過就拚命生吧，沙丁魚用群體的力量用力活下去。」

079

除了游得快，
我還有你不知道的絕技

「『水中獵豹』旗魚，尖吻不只能破
水，連船都怕牠」

083

說什麼捨己為魚，你信嗎？

「同伴也照吃不誤的白帶魚，真的太
沒有道義啦！」

087

說牠會帶來災難
這真的是誤會大了！

「海洋中最長的硬骨魚就是皇帶魚。」

091

深海中看到點點光亮別貿然
靠過去，不然會出事的！

「海中出了名的『醜八怪』殺手就是
鮟鱇魚。」

095 和人類會運用語言交流一樣，牠們也有自己的交流方式。

「海豚可是動物界中公認的『大聰明』喔！」

099 人類追求的長生不老對牠們來說，只是小菜一碟。

「燈塔水母掌握的『長生之謎』大解密。」

105 你可以叫牠
海洋中的偽裝大師。

「葉海龍身姿優雅還很會隱身，被譽為『最優雅的泳客』。」

111 不但「駐顏有術」
還是「不死之身」。

「既耐冷也耐熱，水熊是地球上生命力最強的生物之一。」

別看我個子小，
戰鬥力可強了

江湖傳說「冷面殺手」

就是伯勞鳥

伯勞鳥體型不大，卻有著和自身體型完全不成比例的戰鬥力，是令許多小鳥聞風喪膽的「冷面殺手」！尤其是常見的楔尾伯勞，牠們的眼睛周圍是一圈黑色的羽毛，看上去就像強盜的黑色眼罩。

鼠類、蜥蜴、小型鳥類都很難逃過伯勞鳥的手掌心。勾狀的喙和鷹嘴相似，鋒利的爪子能輕易抓住獵物，仗著自己高超的「武藝」，伯勞鳥連比自己體型大的鳥也敢攻擊。

捕獵時，伯勞鳥會像老鷹一樣在空中盤旋，牠們會飛到很高的地方，用敏銳的雙眼掃視著身下的環境，一旦發現獵物，牠們就會「咻——」地俯衝下去。

搖起來！

降伏獵物的時候，伯勞鳥更是有牠獨特的技巧。伯勞鳥與其他猛禽相比體型較小，力量也不足，所以牠們發明了適合自己的捕獵方式—— 搖頭！

只要伯勞鳥抓住獵物，牠們就會瘋狂甩頭。把獵物徹底搖昏制伏後再開始進食。

儀式感很重要！

伯勞鳥的進食過程也很講究，不會只是簡單地叼啄吞嚥，牠們會對獵物進行更細緻的處理，例如，牠們會先剝開蟾蜍的皮，防止蟾蜍皮膚上有毒的分泌物汙染到肉，妨礙牠們進食。而一些有毒的昆蟲也會被伯勞鳥刺在樹枝上晒上個好幾天，直到有毒的化學物質徹底消失，伯勞鳥才會慢慢地享用。

除了簡單粗暴的攻擊方式，伯勞鳥有時也會利用自己婉轉的歌喉作為誘餌，牠們能夠維妙維肖地模仿其他鳥類的聲音。當其他種類的小鳥聞聲而至，快樂地以為自己尋到了一個可愛的同類時，卻不想自己竟然落入了「屠夫」的手中。

除了不能重生，
我基本就是無敵的存在

殺氣騰騰、速度拔尖的千里眼狩獵者，
小心別被鷹給盯上

鷹是當之無愧的空中王者。一身頂級「裝備」簡直就是鳥中的霸主！

作為猛禽霸主，鷹配備有銳利的喙，鋒利的爪，極佳的視力，強大的力量，敏捷的身手。

除了不能重生，基本上我就是無敵的存在。

鷹的視力能好到什麼程度呢？牠的視力範圍能達到1.6公里遠，是人類的8倍。而且無論是在數百公尺的高空之上，還是在高速的飛行過程中，鷹都可以憑藉自己的一雙眼睛精準識別地上的動物。哪怕是藏在草叢、林間的動物，鷹也可以憑藉牠周遭環境的細微變化而鎖定牠。

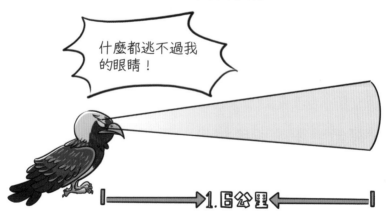

什麼都逃不過我的眼睛！

1.6公里

鷹的眼睛結構比較特殊，人類的視網膜裡只有一個凹槽，叫作「中央窩」，但鷹有兩個。這兩個凹槽在鷹眼中有著不同的作用，一個專門看前方，一個專門用來看側面，這就讓鷹的視覺範圍變得很大，能夠不用轉頭就可以看到側面。

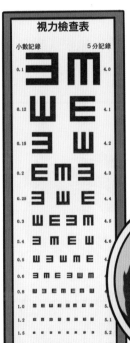

另外，鷹視網膜上的血管數量較少，能減少散射帶來的負面影響。而且鷹眼中的視覺細胞也比人類要多，更加敏感，所以鷹的視力也比人類強很多。

我覺得，拿我的視力跟人類的視力比，有點兒不尊重鷹。

7

因為鷹的視力實在是太過強悍，所以根據牠的特性，人類發明了鷹眼仿生技術，並將鷹眼視覺模型、技術和系統應用於航空、航太等領域。

類似鷹眼的搜索、觀察系統能使飛行員的視野和視覺敏感度得以擴大。此外，鷹眼仿生技術還被應用在體育賽事中，比如足球比賽中的直播系統，就是借助高速攝影機和電腦計算生成球的飛行路線及落點，克服人類觀察能力上存在的極限和盲區，幫助裁判做出精確公允的判斷。

除了敏銳的視力，鷹的執行力也很出色，牠們的最快飛行速度能達到80公里／小時，所以被鷹瞄準的動物很少有能順利逃脫的。

鷹的爪子也是威力極大的「武器」，牠們可以幫助鷹抓住獵物、攀爬和高處棲息。牠們的爪子非常有力且鋒利，鷹爪的骨頭強度和關節結構也非常出色。鷹爪還有很強的抓握能力，可以幫助牠們抓住獵物並控制自身行動。

鷹的霸主形象深入人心，所以有關鷹的故事總是格外驚心動魄，有的還非常雄壯悲涼。很多人都聽說過鷹會在40歲的時候拔掉自己的羽毛，啄折爪子，敲碎喙後跳入山谷，並在這個過程中更新全部裝備獲得新生。這個故事雖然精采，但實際生活中並不可能發生。再強大的霸主最終也只能迎接衰老的命運，從而走向死亡。

我寧可被動老死也不想主動摔死！

我就是瘋狂小摩托

不愛飛行卻跑得飛快，
大家都好怕的響尾蛇都不是走鵑的對手

不是所有的鳥都愛飛，當然我不是說鴕鳥、奇異鳥那種沒有飛行能力的鳥，牠們覺得不會飛也很自在。

我們倆不會飛也很自在啊！

有些鳥，比如說走鵑，雖然可以飛翔，但相較於使用翅膀，牠們更慣用自己的兩條小腿走路，或者說是跑步。

那是因為我飛得也不怎麼樣！

走鵑的飛行能力和行走能力相比確實有點兒弱，畢竟牠們的兩條小腿能讓牠們每小時奔跑32公里。

誰說我腿小？看我這發達的腿部肌肉！

走鵑主要分布在北美洲和中美洲，經常出現在美國西南部的乾燥荒漠和墨西哥北部沙漠、荒野地區。

走鵑是鵑形目杜鵑科走鵑屬的鳥類，外表看起來平凡無奇，甚至還有些其貌不揚，蓬鬆羽毛讓牠的外形有些不修邊幅。牠們長長的尾羽經常大幅度地上下擺動，看起來有點兒滑稽。

牠們跑步的時候會發出「BEEP——BEEP」的聲音，就像一輛摩托車在按喇叭一樣，牠不斷地翹著自己的長尾巴奔跑，還非常擅長緊急煞車。

走鵑雖然體型不大，但胃口卻不小。在乾旱的沙漠裡，食物也是重要的水分來源，所以走鵑一天中有大部分的時間都在忙碌地尋找食物。這也是牠們不斷奔跑的原因之一，奔跑能讓牠們在更大的範圍內尋找獵物，並在發現獵物的第一時間就進入獵捕狀態，以防止獵物鑽入沙中逃跑。

機會只給有準備的走鵑！

昆蟲、蜥蜴，甚至響尾蛇，都條列在走鵑的食物清單上。昆蟲、蜥蜴比較好對付，而響尾蛇和走鵑體型相差並不大，毒性又強，走鵑也不能確保自己每次都能成功獵殺響尾蛇，有時候還會付出生命的代價，但遇到響尾蛇時，走鵑卻很少選擇放棄。

搏一搏！
我就是摩托！

更多的時候，牠們都會義無反顧地衝進響尾蛇的藏身之地，靈活地跳躍著躲開響尾蛇的攻擊，不斷地騷擾、試探，尋找機會撲到響尾蛇的身後，用喙和腳爪對響尾蛇的腦袋進行暴擊。

有時候，走鵑也會抓住機會直接牢牢地叼住響尾蛇，之後瘋狂搖頭甩動響尾蛇的身體，再將其一次次地砸在地面上，當響尾蛇被摔暈或摔死後，走鵑就可以開始享用蛇肉大餐了。

時尚的我又出現了

為愛變裝提升魅力，朱鸝不只是活化石，
還有「東方寶石」的美譽

時尚的我又出現了！

朱鹮（又名朱鷺）是一種特別美麗的鳥，也非常希有。平日裡朱鹮的羽毛以白色為主，上下體的羽幹以及飛羽會有淡淡的粉紅色。

等到進入繁殖期的時候，朱鹮為了提升自己的魅力，就會追求新時尚，而這個時尚就是——「染髮」！為了改變自己的毛色，朱鹮會用喙不斷啄取從頸部肌肉中分泌的灰色素，再一點兒一點兒地塗抹到頭部、頸部、上背和兩翅羽毛上，全身都會因此而變成灰黑色。如果有的顏色不夠深，那一定是沒抹到位。

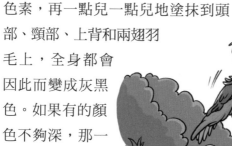

沒想到吧，這是我自己染的顏色！

朱鹮有美麗的羽毛、豔紅的頭冠、黑色的長嘴和細長的雙腳。身姿優雅的朱鹮被譽為「東方寶石」，是傳說中的吉祥鳥。

朱鸝是一種動物「活化石」，早在6000多萬年前，朱鸝就在東亞大陸和遼闊的西伯利亞地區生活。

朱鸝的性情孤僻，膽怯怕人，平時都是成對或者小群活動，而且牠對棲息地的生態環境要求較高，只喜歡在具有高大樹木可以供棲息處築巢，附近有水田、沼澤可以供覓食。自20世紀中期以來，地球上的朱鸝數量在大幅減少，日本將原生種僅存的五隻野生朱鸝都保護起來，但還是無法阻止本土朱鸝全部滅絕的慘劇發生。

笑翻天1分鐘生物課④

目前日本的朱鷺是由中國贈送的朱鷺所復育出來的後代，而且為了避免近親繁殖帶來的問題，日本還會不定期地向中國借調朱鷺用於復育。

驚不驚喜，意不意外？
我又回來了！

中國的野生朱鷺也曾經消失過一段時間，但就在大家以為中國原生朱鷺也將滅絕時，這群美麗的精靈又悄悄地出現了。

同伴愈來愈多的感覺真好！

中國對朱鷺的保護和復育工作十分重視。經過科學家的細心復育，朱鷺終於從最初的七隻增加到七千多隻，而且很多人工復育的朱鷺在經過訓練後也都順利野放，讓牠們重新回到大自然，成為自然界中美麗的精靈。

你不懂，
高樓的景觀才好啊！

對房子的選擇很挑剔，
但裝潢品味卻很一般的鴛鴦

水禽喜歡在水域裡棲息活動，但這並不意味著牠們就要一直住在水裡。如鴛鴦在繁殖期就是喜歡住在樹洞裡，而且這個樹洞還不在樹幹下方接近水面的位置，是道地的高處樹洞！這個樹洞一般會離地10～20公尺。

20公尺

鴛鴦生性機警，對樹洞的選擇也很挑剔，尤其是涉及自己孩子的安全，牠們更是異常謹慎。一般鴛鴦會選擇緊靠水邊的老齡樹的天然樹洞。

住高樓層的景觀才是絕美！

這是因為鴛鴦幼鳥成功孵化後會立刻迎接自己生命中的「大遷徙」。在鴛鴦幼鳥們破殼還未超過24小時的時候，鴛鴦父母就會率先跳到地面上，然後在樹下不斷鼓勵毛茸茸的小傢伙們勇敢邁出生命中的第一步，跟隨自己從高高的樹上一躍而下。

我以為我的主業是游泳，沒想到一出生先要練跳台！

等鴛鴦幼鳥們都跳到地面上，牠們的父母就會帶領牠們正式搬回水中，成為眾多水禽中的一員。所以才會要求樹洞距離水邊的路程越短越好，不然長途跋涉對於剛孵化出來的鴛鴦幼鳥來說實在是個負擔，而且路程越遠，出現危險的可能性越大。

那是在水裡！你看誰在陸地上騎了。

我看有的小天鵝是騎在自己父母身上的！

選個房子也是操了一萬個心！說到底還是為了孩子！

鴛鴦對於樹洞的選擇也很講究的，老齡樹的樹洞比較大，天然形成的樹洞顏色也不突兀，可以有很好的隱蔽作用，不容易被天敵發現。

成年鴛鴦在回家前也會仔細觀察周遭環境，一般都會先在家附近偵察一番，在確認沒有危險後才會迅速地鑽回樹洞中。當然，牠們在跳入水中的時候也會先進行危機勘察工作，在確保安全後才會降落。

小心駛得萬年船！

鴛鴦雖然對房子的選擇很挑剔，但裝修房子的能力實屬一般，除了依靠樹木本身的樹枝和樹葉來裝修房子外，還依靠雌鳥的絨羽，別的東西牠們幾乎不會考慮，也不會準備。不過無論如何，只要樹洞裡足夠溫暖和安全，鴛鴦幼鳥們就能夠被順利孵化。

這是一種極簡風格！現在很流行的！

我的腦袋上
還有長長的嘴，
並不是奇異果長了腿

會行走的奇異果？

我是奇異鳥啦！

你家奇異果有這麼長的嘴啊。

奇異鳥在翅膀退化的時候可沒想過，自己有一天竟然會被當作長了腿的奇異果。

奇異鳥是一種非常稀有的鳥類，牠們雖然不會飛，但很善於奔跑。牠們不喜陽光，白天的時候會躲進地洞和樹洞裡睡大覺，一天能睡二十多個小時。

所以說，我跟奇異果區別實在是太大了！

只有天黑時，牠們才會外出活動尋找食物。牠們的鼻子長在長長的喙上，能幫助牠們嗅到藏在地下的小蟲，這在鳥類中也是非常奇特的存在，憑藉著這個本領，牠們總能找到美味的昆蟲和漿果。

也怪不得大家把奇異鳥和奇異果聯想在一起，奇異鳥的翅膀退化嚴重，僅剩一點兒殘存的痕跡，在細長的羽毛覆蓋下幾乎是看不見的，和完全消失也沒有什麼區別，所以奇異鳥整個身形看起來圓乎乎的。

除了外形相似，最主要的是奇異鳥的羽毛並不是大型的羽片，而是細密柔軟的羽毛，和哺乳動物的絨毛很相似，也非常像奇異果外皮上的細毛，就連顏色，也和奇異果相差無幾，所以奇異鳥靜止不動的時候真的就像是一個大奇異果。

我可比奇異果大多了！連我的蛋都比奇異果大呢！

因為牠們長相相似，又都是紐西蘭的特產，所以人們乾脆給牠們取了同一個名字「KIWI」，就連紐西蘭當地人也喜歡把自己稱為「KIWI」，以表達對奇異鳥的喜歡。

奇異鳥是紐西蘭特有的生物，但奇異果並不是，它其實是從中國引進的，只不過紐西蘭的氣候土壤更適合奇異果生長，加上多年來的品種改良，紐西蘭的奇異果反而名氣更大。

奇異鳥雖然並不算是大型鳥類，但牠們下的蛋卻很大，尤其是和自己的身形相比，雖然奇異鳥一次只會孕育一個蛋，但這個鳥蛋最後能長到雌鳥體重的四分之一。

因為鳥蛋最後實在是太大了，雌奇異鳥的肚子最後甚至會拖在地上，這讓本來就不太靈巧的牠們更是難以行動，所以雌奇異鳥在產卵前最後幾天是幾乎不動的，當然也不會覓食和進食。

雖然說雌奇異鳥在「懷孕」時非常辛苦，但和需要哺育幼
鳥的其他鳥類相比，牠們的育兒期卻很短，剛孵化出來的
小奇異鳥很快就能在地面奔跑覓食，幫奇異鳥媽媽省了不
少力氣。

無腳鳥
也有自己的好方法

大半輩子都在飛行，
雨燕連睡覺都能飛！

文學作品裡有一種沒有腳的鳥，一輩子都在飛行，一旦牠們落地了就只能投入死亡的懷抱了。自然界中雖然沒有一輩子都在飛行的小鳥，卻有大半輩子都在飛行的小鳥——雨燕。

我也不是自願的啊！
就身體不行嘛。

在雨燕的一生中，牠落地的次數屈指可數，牠們邊飛邊進食，邊飛邊戀愛，甚至邊飛邊睡覺，牠們能創造連續飛行10個月而不降落的紀錄，說牠們是無腳的小鳥也並不誇張。

雨燕倒是擁有一雙小腳，但和其他鳥類比起來退化得很嚴重，雨燕的四趾都是朝前的，其中一趾能夠前後旋轉。牠們無法像其他小鳥一樣在地面上輕鬆地站立、蹦跳，只能攀附在樹幹、懸崖、牆壁等粗糙的垂直面上。

別的小鳥突然墜落可以迅速地用雙腳蹬地，利用推力幫助自己再次起飛，但雨燕卻很難做到，軟弱的小腳讓牠們無法得到強有力的支撐，落地就意味著預定了一次艱難的起飛。

太麻煩了，還不如忍一忍接著飛呢！

如果是落在平坦的地面上還好，要是落在軟塌塌的荒草或者泥濘的沼澤地裡，雨燕幾乎就告別了天空，因為牠們很難在這些地方得到足夠的推力，幫助牠們重新起飛。

飛機也對機場有要求，我挑選地面怎麼了嗎？

33

地面行走的權利被剝奪，雨燕只能在飛行上更加努力。牠們的身軀嬌小玲瓏，呈現出完美的流線型，翅膀很大，兩翼窄長並向後呈現出鐮刀狀，這些條件能讓牠們的飛行速度達到時速110～200公里。雨燕不只飛得快，還能飛很久，牠們是世界上長距離飛行速度最快的鳥之一。普通的雨燕平均每天能飛行500多公里，研究記錄的最大距離是9天內每天飛行超過830公里。

能飛，誰還想走路呢？空運當然比陸運快呀！

這有什麼希奇，人類出門前不也會看天氣預報嗎？

雨燕也不是單純地仰仗自己的身體素質，牠們在出發前也會做好計畫，計畫中牠們會選擇風向更適宜自己飛行的一天出發，而且會考慮未來幾天的沿途風向的變化。

我不笨，
我只是有點兒重

鸚鵡界中出了名的傻乎乎，
鴞鸚鵡就是名副其實的傻大個兒

說誰呢？說誰呢？我才不笨呢！我還會走路呢！小跑也不是問題！

鸚鵡作為鳥類裡公認的機靈鬼，有的能記住上百個詞彙，有的能模仿多種動物叫聲，還有的能配合人類表演魔術，聰明的鸚鵡數不勝數，但笨蛋鸚鵡也不是完全不存在。

鴞鸚鵡就是鸚鵡界中出了名的傻乎乎，而且就算不把牠放在鸚鵡這個鳥平均智商較高的群體裡，只是單純地把牠當作一隻鳥，牠也是笨乎乎的。

我承認我是一個「大塊頭」，但我的腦子其實還滿聰明的，最起碼能分清大小。

鴞鸚鵡是世界上最重的鸚鵡，牠們的體重約2～4斤。大大的塊頭再配上牠們缺乏智慧的特性，讓牠們成為鸚鵡界中名副其實的「傻大個兒」！

作為紐西蘭特有種生物，鴞鸚鵡的翅膀退化得很嚴重，短小的翅膀不能幫助牠們飛行，倒更像是一對裝飾品。

紐西蘭是一個島國，哺乳動物較少，鴞鸚鵡的天敵也很少。不用擔心生存問題，鴞鸚鵡也就不願意在飛行上消耗更多的體力，為了過著更為安逸的日子，牠們和當地很多鳥類一樣放棄了飛行，翅膀也就隨之退化了。

雖然放棄了飛行的能力，但食量並沒有變小，久而久之，鴞鸚鵡代謝不掉的能量就成了身體上的脂肪，慢慢地牠們成了體型最大的鸚鵡。肥碩的身體配上放空的腦子，鴞鸚鵡用自身詮釋了心寬體胖的寫照。

用嘴啄用爪蹬，再高也不能阻攔鴞鸚鵡攀登！只要能吃到松果，鴞鸚鵡也能變靈活！

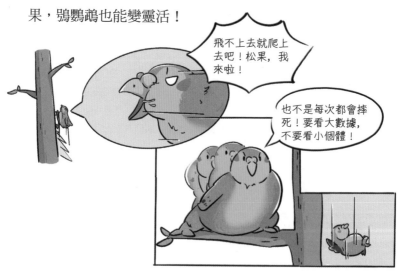

松果固然美味，但下樹又成了新的課題，不過這回沒有松果這樣的誘惑，鴞鸚鵡也懶得費力去思考最佳路徑和最合理的方法，他們會選擇——直接跳下去！大多數時候，牠們厚密的羽毛和肥胖的身體能夠緩解直擊地面的衝擊，讓牠們安全著陸，但偶爾這種危險動作可能會讓牠們付出生命的代價，即使是這樣，鴞鸚鵡倒也沒有想過要更換別種更安全的方法下樹。

一般的樹
我可是沒興趣的喔

就是愛挑戰極限，
吉拉啄木鳥就愛在仙人掌上蓋房子

帶刺的仙人掌才能
展現我的技術！

不是所有的啄木鳥都喜歡啄樹，相較於毫無挑戰的普通樹木，吉拉啄木鳥更喜歡挑戰渾身是刺的巨柱仙人掌（也稱為「巨人柱」）。

當然，也可能是因為吉拉啄木鳥棲習地找樹可能比較費勁，而找仙人掌就容易多了。吉拉啄木鳥主要分布在北美地區、中美洲的乾旱和半乾旱地區，那裡長滿了巨柱仙人掌。

就地取材！
掌上刨洞！

鳥巢

和在樹木裡尋找蟲子的啄木鳥不同，吉拉啄木鳥在仙人掌身上挖洞主要是為解決居住的問題。沙漠裡炎熱、乾燥，若像其他鳥一樣搭建個敞篷巢穴實在是不合理。

但要是在仙人掌上挖個洞，那可就能瞬間得到一間冷氣房！而且巨柱仙人掌能長到十幾公尺高，又渾身是刺，除了吉拉啄木鳥這種不怕被刺的傢伙，很少有動物願意主動靠近它們。這也間接成了吉拉啄木鳥的保全系統。

可以防晒！而且還不用花錢請保全！

工欲善其事必先利其器！不過要是有個電鑽就更好了！

吉拉啄木鳥也不是隨隨便便就能入住仙人掌大別墅的，不怕刺的這個技能並不是吉拉啄木鳥天生就有的。為了對抗仙人掌的尖刺，牠們從小就要進行刻苦的訓練，要不斷地在岩石或者沙子上打磨自己的爪子和喙，只有在爪子和喙上被磨出厚厚的老繭，才能幫助牠們抵擋仙人掌尖刺的傷害，從而在仙人掌中來去自如，隨心所欲地挖洞！

雖然掌握在仙人掌身上挖洞這個技能的過程很辛苦，但對於吉拉啄木鳥來說實在是太值得了！因為仙人掌不僅能夠提供一個24小時冷氣開放的房間，牠們還可以直接在頂樓蓋個餐廳。

晚飯就去天臺吃仙人掌果吧！

去樓下吃也行，吃點兒肉更開心！

吉拉啄木鳥的食物清單廣泛，除了各種各樣的昆蟲、蜥蜴、其他的幼鳥和蛋，牠們也吃仙人掌的果實和其他植物的漿果。仙人掌除了能在「腦袋」上長出吉拉啄木鳥喜歡的果實，還因為具有強大的儲水能力而吸引各種地下的生物，相當於間接為吉拉啄木鳥開發了食材。

我宣布這棵樹
被我的家族承包了

挑戰鳥界最大巢，
築巢技藝精湛的群居織巢鳥
就愛住在一起才熱鬧

這有什麼好奇怪的？那屋是我七舅公的，那屋是我姑奶奶的，那屋是我二伯父的，那屋是我大外甥女的，那屋是我……

一棵樹上有一個鳥巢不奇怪，有好幾個鳥巢也不希奇，但要是整棵樹的樹冠都被一個鳥巢覆蓋了，那就絕對稱得上是奇觀了。

人多，蓋房子的人也多！第8輪擴建指日可待了！

與其說群居織巢鳥是建築大師，倒不如說群居織巢鳥們是一群基礎建設狂魔！群居織巢鳥雖然只有麻雀大小，卻能造出一個超過自身體積百倍、千倍大的房子。牠們對築巢十分狂熱，而且還特別喜歡一起幹活！

當然，牠們建出來的巨大鳥巢也是整個家族的共同居所，建造的鳥巢也是道地的祖屋！有些鳥巢的歷史甚至超過了一百年。牠們是典型的社會化動物，不喜歡離群索居，就喜歡住在一起，家裡人越多，牠們越開心。

群居織巢鳥雖然喜歡住在一起，但也會講求個人隱私，牠們的巨大巢穴就像一幢公寓大樓，裡面每一個小房間都是互不連通的獨立個體，只要回到那裡，就能擁有自己的小天地。

群居織巢鳥的鳥巢裡少則幾十個房間，多則有上百個房間，有的時候群居織巢鳥也不能住滿，這些閒置的房間有時候就會吸引其他的小鳥，對於這些不請自來的租客，群居織巢鳥也並不在乎，甚至不會向牠們索取房租。

當你一個人擁有一幢樓的鑰匙時，收房租就不見得是件輕鬆的事了，所以我們乾脆不用錢！

45

精湛的築巢技藝，全員的熱情參與，群居織巢鳥的築巢之路似乎沒有任何阻礙。但有一件事會對群居織巢鳥的鳥巢工程造成毀滅性打擊！那就是群居織巢鳥無止境的欲望。

唉，真不好意思說，我們其實也有豆腐渣工程。

群居織巢鳥沒有辦法克制自己築巢的衝動，所以只要牠們住在鳥巢裡就會不停地施工。巢穴愈來愈大，家裡人愈來愈多，這本來是件好事，但問題是，鳥巢是建在樹上的，樹木所能承受的重量是有限的。尤其很多枯樹，更是異常脆弱。群居織巢鳥巨大的鳥巢重量驚人，幾百斤的鳥巢也並不那麼罕見，所以當樹木無法承受重負的時候，群居織巢鳥也就會迎來鳥巢的覆滅。大廈傾倒，非一木所支也，群居織巢鳥鳥巢坍塌時，沒有任何一根小木棍是無辜的！

壓垮駱駝的最後一根稻草，壓塌鳥巢的最後一根木棍！

會上樹的
鳥中大貓熊

數量稀少，
一不小心就要絕種的中華秋沙鴨

在普通人的認知裡，鴨子總是張著扁扁的嘴「嘎嘎——」地叫著，還要搖著牠扁扁的尾巴，一扭一扭地撲跳進水中游泳。但中華秋沙鴨可不喜歡規規矩矩的扁嘴，牠的嘴形嘴長而窄，並且前端尖出，尖端具鉤。

地球上的雁鴨科動物總共有53屬174種，但只有秋沙鴨的1屬5種不是扁平狀的嘴，其餘扁平狀的52屬169種鴨科動物的嘴形都是扁平狀的。

> 不隨波逐流才是我的風格。

中華秋沙鴨的獨特不僅體現在嘴形上，牠們和大貓熊一樣，都是中國特有種，而且數量稀少，全球不超過3000對，是比揚子鰐還稀少的國際瀕危動物，所以被稱為「鳥中大貓熊。」

> 那你不能吃我唷！

中華秋沙鴨是非常古老的物種，早在第三次冰河期就已經出現，至今已經有一千多萬年了，所以說牠們是「活化石」一點也不為過。

誰的出身會沒點兒歷史呢？
什麼！你沒有？

爬個樹，
小意思。

中華秋沙鴨和大部分雁鴨科動物
還有一個不同點，牠們非常喜歡
在樹上生活。

中華秋沙鴨在繁殖後代時喜歡住在「樹屋」裡。每年的4到5月是中華秋沙鴨的繁殖期，牠們抵達繁殖地後會在第一時間尋找適合繁衍後代的樹洞。挑選樹洞的第一要求就是牠必須要離水近，好方便小鴨子們孵化後進行跳水練習。

必須選一間河景房！

反正我會飛，不用爬樓梯。

10公尺

其次，樹洞還要夠高，大概要離地面10公尺左右，這樣才能避開不少天敵。

另外，樹洞也不能太深。因為新生的小鴨子彈跳能力有限，樹洞太深，小鴨子就可能因為搆不到洞口而無法離開樹洞。

有時候，不是房子愈大愈好。

選好樹洞後，中華秋沙鴨就要大肆裝修了。和斑鳩那種敷衍的窩不同，牠們對於自己的產房和子女的兒童房非常用心。牠們先會在樹洞的底部鋪上木屑作為基底，再在木屑上鋪上絨羽和青草葉作為軟墊。

秋沙鴨的家

中華秋沙鴨一年產一窩卵，一次產卵8至12枚。約25～28天左右的時間，這些卵就能孵化，而小鴨子們在破殼一兩天內，就會被爸爸媽媽引導著出樹洞，跳入水中。

但有的時候，成年中華秋沙鴨的身後可能跟著幾十隻小鴨子，那並不是因為這對領頭的中華秋沙鴨夫婦特別會生，一次生了這麼多寶寶，而是一種「窩雛合併行為」。簡單來說，就是除了自己的親生孩子，中華秋沙鴨也會領養被其他中華秋沙鴨棄養的或者失去父母的孩子。

不分你的我的，都是大家的！

我完美地
展現不對稱的美感

招潮蟹牠身上那對大鉗子
可不是好玩的！

螃蟹的威武80%來自一對有力的
大鉗子,也就是牠們的「螯」。

看我的絕命
武器!

我對它倆,
一視同仁!

「咔嚓咔嚓——」

大螯可以幫螃蟹粉碎一切(但不包括比螯硬的東西)。

正常來說,螃蟹的兩隻螯應該是同樣大小,甚至連顏色也
要一模一樣。但我們經常會看到螃蟹的螯是一大一小,這
並不是螃蟹對其中一隻螯偏心,把全部的營養都給了它,
讓它長得特別大,而另一隻鉗子卻因為營養不良長不大。

很多時候如果螃蟹身上有小螯，那其實是因為牠剛剛經歷了一次重創，原本的螯受損或者被折斷了。

為了能夠正常使用螯，牠不得不重新長出來一隻螯。而這隻螯因為是後長出來的，還沒有充足的時間長到原本的大小，所以看起來很迷你。

但只要過一段時間，螃蟹的小螯就能長成正常大小，螃蟹便又能擁有一對威風的螯了。

不過也有一些螃蟹，天生就擁有兩個大小不一樣的螯，大小差異甚至還非常大。比如說，雄性招潮蟹，牠們就擁有兩隻體積懸殊的螯，大螯幾乎相當於身體的一半，而小螯卻小到幾乎不容易被注意到。

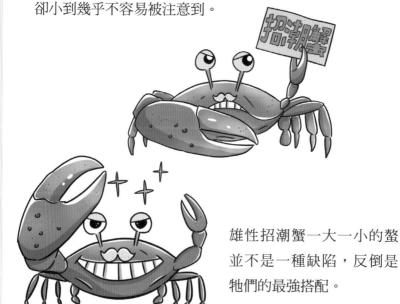

雄性招潮蟹一大一小的螯並不是一種缺陷，反倒是牠們的最強搭配。

大螯作為武器，可以用來威嚇敵人，當然，這也是牠們戰鬥時必不可少的武器。

小螯小巧靈活，像一個小勺子，可以幫助招潮蟹刮取淤泥表面富含藻類和其他有機物的小顆粒，是進食時的重要工具。

對於雄性招潮蟹來說，切換戰鬥狀態和平靜狀態不過是用左螯和用右螯的區別。

招潮蟹的「戰鬥螯」一旦掉落，原來的取食鉗就會被取而代之，長成大螯，發揮相同的功能。

除了吃飯和戰鬥，招潮蟹的生活中還有一個重要的部分，那就是尋找愛情！

在俘獲對方芳心的時候，威風凜凜的大螯發揮了巨大的作用。

在雌性招潮蟹還沒出現之前，雄性招潮蟹會用大螯有節奏地敲擊地面，吸引雌性招潮蟹。

而當雌性招潮蟹抵達約會場所後，雄性招潮蟹又會揮舞著巨大的螯做出各種各樣的動作，向雌性招潮蟹炫耀自己。

某些種類的螃蟹的螯上還有一些細毛，但這些細毛卻沒有什麼保暖作用。

螃蟹腿上的細毛可以充當隱蔽色的作用，也能讓螃蟹感受到水流的方向和環境的細微變化。這對螃蟹非常重要，因為牠們就是根據這些細微的變化才能意識到是不是有天敵正在向自己靠近。

以柔克剛的大師

連硬骨子的螃蟹遇到牠，
也只能乖乖成為大章魚的盤中美食！

螃蟹的威力值80%來自兩隻有力的大鉗子，也就是牠們的螯。

照理說，章魚的觸手那麼綿軟，螃蟹又披著一身威風的硬殼，章魚捕食螃蟹應該是一件非常費勁的事。

人類在吃熟螃蟹的時候都會使用各種各樣的工具才能把螃蟹吃乾淨，稍有不慎還會劃傷自己的手。

更別說在面對活螃蟹的時候，總是被螃蟹的大螯嚇得手足無措！所以螃蟹總是被五花大綁後才端上餐桌。

章魚沒有管道購買吃蟹
的工具,而且牠們面對
的螃蟹還是在水中能自
由活動的狀態。

最主要的是,章魚渾身軟綿綿的,螃蟹一身硬邦邦的,好
像只要螃蟹舉起鋒利的大螯,三兩下就能把章魚制服!

可就在這樣的情況下,章魚
不只能俐落地抓住螃蟹,還
能把螃蟹吃得乾乾淨淨,這
是因為牠們有自己的竅門。

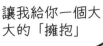

讓我給你一個大大的「擁抱」

章魚喜歡突襲，在鎖定獵物後，會用漏斗狀體管噴水俯衝，趁獵物不注意狠狠地纏住對方，因為牠們的觸手很多，力量也大，一旦獵物被章魚纏住便很難脫身。即使獵物猛烈掙扎，章魚也胸有成竹，因為牠們還有狠招。

我還有大絕招！毒死你！

很多章魚的體內都含有毒素，這些毒素一旦注入螃蟹等生物的身體裡就會迅速地麻痹牠們的中樞神經系統，讓牠們無法行動，只需要幾秒到幾分鐘的時間，獵物就會失去控制身體的能力。

對於像螃蟹這類披著硬甲的獵物，章魚不方便直接下手，便會在纏住螃蟹後不斷摸索牠們身上的防護漏洞。

不一會兒工夫，章魚就會找到螃蟹的腮，而後毫不留情地用導管把毒素注射到裡面。毒素進入螃蟹的腮中後會順著血液流遍螃蟹全身，至此，螃蟹只能眼睜睜地看著自己成為章魚的食物。

雖然我很會變色，但我是色盲

連睡覺也要變來變去的偽裝大師，
不張眼你就找不到牠的章魚

自然界中有不少動物能透過改變身體的顏色讓自己和周遭環境融為一體，這既是隱蔽色，也是獵食時的掩護。章魚也是個變色高手，牠們會隨著環境的變化而改變自身的顏色。

很多時候，只要章魚不睜開眼睛，你就很難發現牠們的存在。

不用找我！

偽裝

除了變色，章魚還有一項厲害的本領，那就是偽裝！牠們的皮膚不僅能改變顏色，還能模擬出周圍環境的紋理。當章魚潛伏在細沙中，牠們的皮膚上就會出現細沙一樣質感的花紋；當牠們藏身在海藻中，牠們的皮膚上又會出現像海藻一樣的紋理。

章魚有這樣強悍的本領要歸功於牠們特殊的皮膚。在章魚皮膚的表面不僅有普通的單色細胞，在單色細胞下還存在一種「色素細胞」，這種色素細胞可以讓章魚變化出類似金屬的顏色。而章魚的特殊皮膚結構也可以讓牠們輕鬆地模擬出各種環境的樣態。

不過，章魚變身的本領再厲害也改變不了牠們是色盲。換句話說，章魚雖然能夠完美地變出各式各樣的顏色，但其實牠們根本不知道自己都變出了什麼顏色。對於章魚來說，牠們只不過是努力地讓自己盡可能地融入到當前所處的環境之中。從某種程度上來說，章魚也算是一種「天才而不自知」的典型代表了。

有趣的是，章魚不只是在清醒的時候會變色，睡覺的時候牠們也會變色，而且有的時候顏色還挺斑斕。

所以科學家們懷疑，章魚也許是會做夢的，隨著夢境場所的切換，牠們就會不由自主地改變自身的顏色，以求能夠隱藏在夢中的環境裡。

因此有的章魚會在睡夢中被天敵吃掉，畢竟突然退出隱身模式，可是非常顯眼的。

變男變女，變變變

一秒瞬變的變性絕技，
只有海鰻辦得到。

如果說動物裡也有重男輕女的思想，那海鰻魚絕對要高舉反對大旗。

反正閒著也是閒著。

因為海鰻魚本身就忽男忽女，想變就變。

作為一條海鰻魚，在牠漫長的生命裡，多多少少都要經歷幾次神奇的體驗——變性!

而且海鰻魚變性基本沒有什麼困難，也不需要什麼漫長的準備，或者說，只要海鰻魚自己在心理上準備好了，牠就可以隨時隨地變性。也許上一秒你看到的還是一位身姿婀娜的海鰻魚小姐，下一秒牠就變成了海鰻魚先生。

愛我就該愛我的內在!

所以海鰻魚如果談起戀愛來可能也有點兒風險，畢竟可能昨天海鰻魚擁有的還是一個女朋友，今天就突然多了一個男朋友。但這對於海鰻魚來說再正常不過了！因為牠們本就是雌雄同體的動物！

海鰻魚性別的轉換主要受牠們生存環境影響。當海鰻魚生活環境惡劣，食物不足，或者同類物種密度較高、競爭壓力較大時，海鰻魚就會選擇成為雄性，這樣就能夠比較有競爭力，方便牠們爭奪食物，獲得更多的資源！

放慢節奏，享受生活！

而當食物充裕，周邊的生存條件也逐步改善，海鰻魚就會選擇變為**雌性**，性格也從好鬥變得溫和起來。

雌雄同體，隨意變性儼然是海鰻魚生存智慧的一種體現。有的科學家發現了海鰻魚變性的祕密，便以人工干預起海鰻魚的性別轉換。他們也不單單是透過改變海鰻魚的生存環境，讓牠們轉換性別，有時候還會投放含有激素的食物，讓海鰻魚無意識地就轉換了性別。這樣確實能讓海鰻魚的產量得到提高，不過海鰻魚心理有沒有變化就難以得知了。

團結力量大

打不過就拚命生吧，
沙丁魚用群體的力量用力活下去。

有的時候我們會發現，明明都寫著「沙丁魚」，但罐頭裡面的沙丁魚卻長得不一樣，尤其是不同產地的沙丁魚罐頭，裡面的沙丁魚更是長得差別巨大。

這並不是因為沙丁魚能在短時間內變化自己的樣貌，也不是因為沙丁魚為了適應不同環境的生態特點而改變了容貌，而是因為「沙丁魚」本身就是一個廣義的概念，並不是單獨指某一種魚。

廣義上的沙丁魚包括鯡形目下的很多食用魚類，如葉鯡屬、小沙丁魚屬、沙丁魚屬。大部分的沙丁魚是銀色的，也有一些沙丁魚是金色的。但無論是哪一種沙丁魚，都有一個典型的特點，那就是群居！而且這個群居數量龐大，一個沙丁魚群中有幾十萬條的沙丁魚是很常見的。

我們都愛吃！

群居不是為了熱鬧，而是為了獲得更多的生存機會。因為體型小，基本沒有什麼攻擊能力，個體的防禦能力也幾乎為零，所以沙丁魚就自然而然地成為許多動物的食物。

跟我比速度？

旗魚

雖然沙丁魚為了躲避掠食者進化出了能讓自己快速移動的身體結構，即透過增加尾部肌肉的附著量來提速，但在天敵們（比如旗魚）的絕對速度和絕對力量面前，沙丁魚仍是不堪一擊。

為此，沙丁魚只能改變策略，聚集在一起，不停地游動變換隊形，時常組成防禦性的餌球，呈現出彎曲幅度巨大的曲線，為的就是在遭受攻擊的時候能夠依靠群體的力量逃過一劫。當天敵攻擊沙丁魚群的時候，雖然會有沙丁魚被吃掉，但大部分的沙丁魚還是能夠藉助群體的力量扭轉生死局面，尋覓到一線生機。

如果群體防禦也不能阻擋被吃掉的命運，沙丁魚還保有種族延續的最後一個辦法，那就是大生特生。沙丁魚全年都可以產卵，一次可以產出近十萬粒卵。不過沙丁魚在產卵的時候會選擇回到原本的棲息地，這樣的大遷徙也是要冒著被吃掉的風險，所以在沒有想到更好的辦法前，沙丁魚還是只能縮在自己的魚群中，用老辦法度過劫難。

有辦法總比沒辦法好！還是要相信集體力量！

大生特生

除了游得快，我還有你不知道的絕技

「水中獵豹」旗魚，尖吻不只能破水，
連船都怕牠

不服來戰！

旗魚之所以叫旗魚是因為牠
們身上背著一面醒目的「大
旗」。這面「大旗」正是牠們的
第一背鰭。第一背鰭前端上緣凹
陷，豎展的時候像迎風而揚的船帆
和高舉的大旗。

在國劇裡總給驍勇善戰的武將背後
插上靠旗，以顯示他們武力高超，
戰鬥時這些旗子會隨著身體的打鬥
而威風凜凜。旗魚身上的大旗也非
常有氣勢，讓牠們看起來就很不好
惹。

旗魚是吉尼斯世界紀錄中速度最快的海洋生物，牠們的最
快速度能達到190公里／時。說牠們是「水中的獵豹」都還
不足以形容牠們的速度。

雖說海洋中阻力不小，但旗魚有專門破水的神器，這個神器就是旗魚的尖吻，牠能將海水的阻力化解於無形，也是牠們身上最明顯的特徵之一。旗魚的尖吻像一把出鞘的利劍，而且很長，其中上吻差不多相當於旗魚身體長度的四分之一。

尖吻不光可以幫旗魚劈開身前的海水，還是旗魚的重要武器。相傳旗魚甚至用自己的尖吻和輪船、深潛器決鬥過！而且不能算輸！畢竟根據文獻記載，鋼製的船體都曾被旗魚的尖吻狠狠地戳穿了。

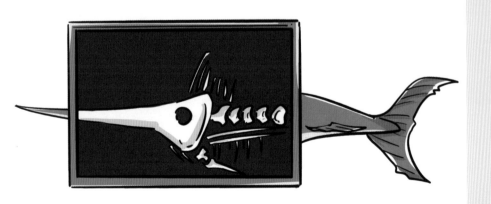

旗魚歸屬於硬骨魚綱目，牠們的尖吻是實心骨頭，特別結實，所以面對一切能戳的東西，牠們都無所畏懼。

擁有這樣武器的旗魚在海中自然鮮有對手，但牠們並不滿足於自己單打獨鬥，牠們還喜歡與鳥合作，一起打獵。

借了我的名號，也達不到我的凶猛程度！

當軍艦鳥控制整個天空，實現絕對的空中戰力壓制後，旗魚則是在海面下戰力全開，大殺特殺。

也因為旗魚驚人的戰鬥力和凶殘好鬥的性格，讓不少軍事裝備都會用「旗魚」來命名。

說什麼捨己為魚，
你信嗎？

同伴也照吃不誤的白帶魚，
真的太沒有道義啦！

白帶魚絕對算一種美貌的魚類。白帶魚的身上沒有鱗片，
卻有一層銀粉，這正是牠們魚鱗退化後的銀膜，這能讓牠
們通體閃耀著銀灰色的光芒，像一道道銀色的波浪。

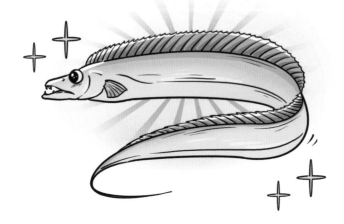

這層銀膜不僅僅是白帶魚亮麗的外衣，還能幫助白帶魚抵
禦外界環境的影響，例如防止水分流失。當然，這層銀膜
還含有脂溶性的香味物質，也是白帶魚美味的奧妙所在。

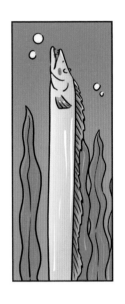

白帶魚不依靠魚鰭划水來移動，而是靠擺動身軀垂直游動。所以有時候你會看到白帶魚在水中彷彿靜止了一樣，只有背鰭和胸鰭會規律地扇動，以保持「站立」的姿勢。

「站立」的白帶魚看似呆呆的，但其實非常警覺。牠們那雙巨大的眼睛始終注視著上方，一旦發現異動就可以立刻轉換為戰鬥模式。在捕捉獵物的時候，牠們也會傾斜身體撲過去。牠們扁平的身體能減少牠們在水中遇到的阻力，方便牠們捕捉蝦和烏賊等獵物。

白帶魚生性凶猛，白帶魚一旦上鉤就會遭受族群中其他個體的攻擊，一隻咬一隻，經常是一隻上鉤就可以拉起一串的白帶魚！所以有人在釣帶魚的時候會發現，自己釣上來的白帶魚，牠的尾巴還被另一條白帶魚咬著。

最初人們並不了解白帶魚凶惡殘暴的習性，還以為這是白帶魚的同類為了將被魚鉤鉤住的白帶魚救回海，選擇奮不顧身地撲上去，妄圖用自己的力量把夥伴拽回去。

後來，人們才發現，原來這並不是什麼勇於犧牲地救助同類，而是在自己捕食同類的時候被牽連，順帶著被拖出海面。

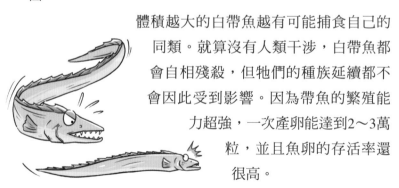

體積越大的白帶魚越有可能捕食自己的同類。就算沒有人類干涉，白帶魚都會自相殘殺，但牠們的種族延續都不會因此受到影響。因為帶魚的繁殖能力超強，一次產卵能達到2～3萬粒，並且魚卵的存活率還很高。

說牠會帶來災難
這真的是誤會大了！

海洋中最長的
硬骨魚就是皇帶魚。

王冠，還是自己長得好。

皇帶魚從不擔心自己的王冠會掉下來，因為牠的王冠是自己長出來的，牢固得很。皇帶魚是海洋中最長的硬骨魚，最長能達到十幾公尺，但普遍是在三公尺左右。牠們的頭不大，形狀和馬頭相似，全身沒有鱗片，亮銀色的身體上點綴著一些藍黑色的斑點，腹鰭是紅色的，背鰭也是紅色的。因為牠們的背鰭很長，在水中的時候會漂蕩在頭前，就像頭頂上戴著一頂豔麗的王冠一樣，所以被稱為「皇帶魚」。

皇帶魚雖然名字裡有「帶魚」兩個字，長得也和白帶魚有不少相似之處，但牠們並不是白帶魚的近親。因為牠們鮮少游出水面，所以最初人們總會把牠們誤認為是海蛇，但後來人們發現這些「海蛇」長得可太奇怪了，所以乾脆就把牠們當作「海怪」了！

而人們漸漸發現，這種很少浮出水面的「海怪」竟然總是在地震的時候被沖到岸上。這使人們對這種神祕生物增添了更多的敬畏之心，認為皇帶魚是龍宮使者，每次到來都會帶來地震、海嘯等災禍，以表達龍宮對人間的懲戒。

且不說皇帶魚根本沒有能掀起滔天巨浪的本事，更不要說能引起地震，哪怕皇帶魚真能帶來災難，那每次也都是用獻祭自身的方式才能實現，代價也實在是太大了。

現在的皇帶魚早就甩掉了「災星」的汙名，與其說是皇帶魚帶來了海嘯和地震，還不如說是海嘯和地震把皇帶魚從海中帶了出來。人們常常見到的皇帶魚大多是被強大的水流直接沖到

沙灘上，因為回不去大海而死在岸上。所以說，皇帶魚不僅沒有帶來天災，自身反倒是受害者。

上岸不行，水下的皇帶魚生活得也不太輕鬆。牠們體型巨
大，游動速度很慢，又沒有滿口鋒利的牙齒，想要捕捉獵
物著實需要花費一番功夫。牠們平日裡只能頭朝上，尾朝
下地懸浮在海底，只有當獵物從嘴邊游過的時候才能猛力
地吸入，以期把獵物吸進嘴中，然後再用堅硬的上下顎把
獵物咬住。必要時牠們也會像彈簧一樣彈射出去咬住獵
物。但要是遇見了大魚，牠們又會識相地把身體縮起來。

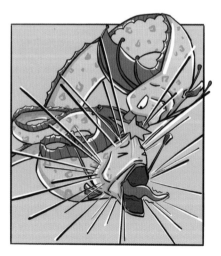

作為肉食性魚類，皇帶魚
性情凶猛，為了爭奪來之
不易的食物，甚至會傷害
同類。

深海中看到點點光亮
別貿然靠過去，
不然是會出事的！

海中出了名的
「醜八怪」殺手就是鮟鱇魚。

鮟鱇魚是絕對的垂釣愛好者，恨不得一天24小時都在釣魚，為了實現自己活一秒釣一秒的心願，牠乾脆把釣竿長在了自己腦袋上。

在漆黑的深海中，鮟鱇魚就是靠著這一支小小的釣竿過著自給自足的美好生活。

有了釣竿還得有吸引力十足的餌料才能讓魚兒上鉤，鮟鱇魚為此沒少花費心思。作為海中出了名的「醜八怪」，鮟鱇魚只能靠前背鰭演化而成的發光肉穗引誘獵物靠近自己，這個光亮正是牠屢屢垂釣成功的法寶。

鮟鱇魚的釣竿是由第一背鰭進化而成的肉穗，肉穗的末端是能夠發光的腺體，也是鮟鱇魚的神奇餌料，總是能順利地吸引到許多小魚。就像釣魚者會隱藏身形降低游魚的警惕一樣，鮟鱇魚有時候也會把身體埋進沙子，只露出細長的釣竿，再點亮餌料，輕輕搖動，從而吸引獵物的到來。

小魚們偶然在伸手不見五指的深海見到點點的光亮便激動地游過去，本以為自己尋到了一方奇幻天地，卻不曾想鮟鱇魚正張著大嘴等著牠們游進來。

快點兒游，我嘴巴都張到快要脫臼了！

鮟鱇魚日常捕食的方式就已經足夠取巧了，但和牠們的婚姻觀相比，還是不值一提，尤其是雄性魚，牠們為了能夠徹底躺平，乾脆選了「入贅寄生」。

不同性別的魚體型相差巨大，雌性魚能夠長到1.2公尺左右，但雄性魚只能長到8～16公分。

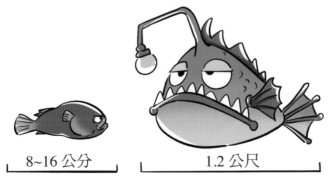

8~16 公分　　　　　　1.2 公尺

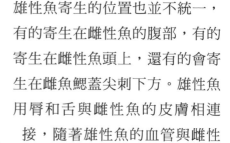

雄性魚寄生的位置也並不統一，有的寄生在雌性魚的腹部，有的寄生在雌性魚頭上，還有的會寄生在雌魚鰓蓋尖刺下方。雄性魚用唇和舌與雌性魚的皮膚相連接，隨著雄性魚的血管與雌性魚相接後，雄性魚除了生殖器官外其他器官就開始漸漸退化了。

到了那時，雄性魚也就徹底喪失自我，成為了雌性魚的一部分，再也無法解綁。如果雌性魚死亡了，那麼寄生在其身上的雄性魚也只能跟著陪葬了。

一條雄性魚只能寄生在一條雌性魚身上，但一條雌性魚卻可以讓多條雄性魚寄生，只不過寄生得愈多，雌性魚要捕捉的獵物也就愈多，畢竟要養活的魚多了，食物的需求量也大。

和人類會運用
語言交流一樣，牠們也有
自己的交流方式。

海豚可是動物界中
公認的「大聰明」喔！

我比人類六七歲的小朋友聰明。

海豚是動物界中公認的「大聰明」，牠們的智商相當於人類六、七歲的小朋友。

成年海豚平均腦重能達到1.6～1.7kg，比人腦重一些，但是每公尺體長腦重低於人類，而且海豚大腦的工作原理也和人類不同。

那我要兩個大腦一起用，這就相當於一個十二、十三歲的小朋友了？

你這個算法就證明了你也不是那麼聰明！

海豚的大腦分為兩個部分，每個部分都有獨立的供血系統，這就意味著這兩個部分完全可以獨立工作，實現交替，就像工廠裡的工人輪班一樣。這也是為什麼海豚幾乎可以不用睡覺，一直精神抖擻的原因，反正這一半大腦工作的時候另一半大腦可以放鬆休息。

海豚的大腦發育得又早又快，人類在18個月大的時候，還無法通過鏡子測試，而7個月左右大的海豚就能成功通過測試了。鏡子測試是透過動物是否能夠辨別出牠在鏡中的影像是牠自己，而判斷其自我認知能力。

雖然牠說了很久，但我還是會耐心聽完。

和人類會運用語言交流一樣，海豚也有自己的交流方式。牠們會用脈衝聲和同類進行溝通，在交流的過程中，海豚會非常有禮貌地、耐心地傾聽對方，很少有海豚會打斷其他海豚說話。

海豚的脈衝聲極具穿透力，能在水域渾濁的地方順利地聯繫到同伴，也能在漫長的旅途中和同伴交流。

異口同聲，宛如合唱！

每一隻海豚都有自己的獨特信號，但這並不是有效的防偽標誌。因為海豚實在是太聰明了，所以牠們可以模仿其他海豚的信號，就像人類可以模仿別人說話的聲音一樣。厲害的海豚在學其他海豚說話的時候也能做到維妙維肖，很難被分辨出來。當一大群海豚聚集在一起時，分辨到底是誰在說話也需要一定的本事。這大概也是海豚為什麼喜歡讓別的海豚先把話說完的原因吧，不然海豚們說著說著就容易分不出到底是誰在說話了。

等我會說話的時候，我就該模仿人類了！

能發出表明身分的信號和類比他人身分的叫聲，也正是從發聲向語言過渡的重要步驟，除了人類，自然界中也只有海豚被發現擁有這樣的能力。

人類追求的長生不老
對牠們來說，
只是小菜一碟。

燈塔水母掌握的
「長生之謎」大解密。

自古以來，人對於「長生」就有著執著的追求。神話故事裡總有各種各樣掌握著長生祕技的神仙，動不動就能摸出一粒長生不老的仙丹。歷史上也有許多皇帝，為了探尋長生不老極盡人力物力，比如秦始皇派遣徐福帶著童男童女到海外仙山尋找長生不老藥；漢武帝乾

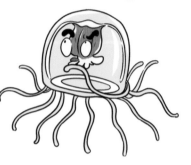

嗯？長生不老還需要努力嗎？

脆親自到海邊祭神求仙；明世宗沉迷穿著道袍一邊為大臣擬修仙封號，一邊不停煉丹……雖然現代醫學也一直在進步，人類的壽命不斷增長，和古時候比更是快速地飛躍，但是「長生不老」這件事並沒有實現。

可這個人類嘗試攻克了數萬年的難題，在燈塔水母看來卻是不值一提。

4～5公分

所以我從來都是成群結隊地出現！集體的力量是最大的！

燈塔水母是花水母目棒螅水母科燈塔水母屬刺胞動物，牠的身體呈鐘形，因為形狀和燈塔相似，所以叫作「燈塔水母」。燈塔水母最早是在加勒比地區被發現的，牠的體型很小，身體部分的直徑只有4～5公分，再加上身體透明，如果不仔細觀察，很難發現牠。

長生太無趣了，得吃點兒肉調劑一下。

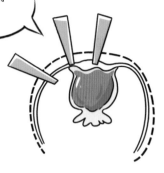

燈塔水母身體雖小卻有一個強大的消化系統，在牠們透明的身體裡，紅色的消化系統清晰可見，就像一個小燈泡，一百多條觸手從中延伸出來，能幫助牠在海洋中自在暢游。這些細弱的觸手看似不堪一擊，卻是燈塔水母的致命武器。

自帶健胃消化片！

這些看似人畜無害的小傢伙其實經常獵殺比牠們體積大很多倍的生物，小魚、貝類、浮游生物都在牠們的捕獵清單上，只要有獵物靠近，牠們就會俐落地伸出觸手，死死纏住獵物，等獵物死亡再慢慢享用。

當然，為了更好地消化比自己體型大很多倍的食物，牠們也進化出了一個強大的消化系統。燈塔水母在進食的時候，牠們的消化系統會釋放大量的蛋白酶，從而加速食物的分解和吸收。

燈塔水母的身體結構比較簡單,而且沒有牙齒,因此進食的時候是靠分泌的細胞黏液來吞食食物。在燈塔水母消化食物的時候,牠的全身器官都會出動,牠們非常賣力氣地打著組織戰,直到把食物殘渣全部變為食物泡,以確保全身各處都能得到需要的營養物質。

不過燈塔水母能掌握「長生之謎」並不是因為牠能吃,而是因為牠能實現自己的無限輪回。

燈塔水母的成長過程要經歷一下幾個環節:

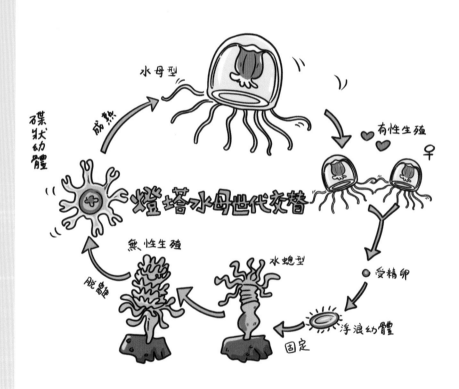

燈塔水母出生後30多天就會性成熟，燈塔水母雖然是有性繁殖，但並不是透過交配產下後代，而是雄性水母將精細胞排放到海水中，流入雌性燈塔水母體內後受精。在牠進行有性生殖後就會「返老還童」，從成年體重新回到自己的幼體階段，也就是水螅型，然後重新開始自己的生命週期。

只不過不知道燈塔水母記憶力怎麼樣，是不是帶著無數個成年體的記憶一次又一次地度過自己的童年時光，像玩遊戲一樣不斷地讀檔、存檔、讀檔……

生完孩子醒來，我穿越回到童年階段……

也老過，只不過會立刻變年輕！

在生物學上這種情況稱為「轉分化」。從理論上來說，轉分化的次數是沒有上限的，也就是說只要燈塔水母想，牠可以無數次地回歸童年。這種逆生長的能力被很多人認為是「長生不老」。

好無聊啊，生幾個孩子陪自己玩吧！

另外，這也意味著，一隻燈塔水母可以分化出數不清的水螅型幼體，創造無數個幼年的自己。

這些分化出的幼體並不是殘缺的，而是各個器官都已經發育完全，只要溫度合適就可以順利長大，成為成熟的燈塔水母。

你可以叫牠
海洋中的偽裝大師。

葉海龍身姿優雅還很會隱身，
被譽為「最優雅的泳客」。

海洋中有不少偽裝大師，要是按照模擬程度給牠們排一個榜單的話，葉海龍絕對名列前茅。

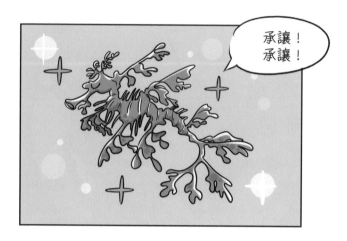

承讓！
承讓！

任誰第一次見到葉海龍都很難把牠當作一種動物。牠的頭頂有數根模仿海藻幼苗的鬚，身上則布滿了像海藻一樣飄逸的葉瓣狀的附肢，會隨著水流一顫一顫地飄動。這些附肢不光形狀像海藻，就連顏色和上面的斑點也幾乎和海藻一模一樣，所以當葉海龍躲藏在海藻叢中就實現了徹底的隱身。

回歸自我，
返璞歸真。

葉海龍是海龍科葉海龍屬的一種，平均體長約30公分，最大的可以達到50公分。牠雖然看著像海藻，但身體可一點兒也不軟，是由骨質板組成的。

我只是穿得像個女孩子，但骨子裡是個硬漢！

為了更好偽裝成海藻，在不同海域生活的葉海龍會長成不同的顏色。在較淺海域生活的葉海龍身體主要是黃褐色或者綠色的，體側的縱條紋是粉紅色的，附肢則是棕綠色的；在深海域生活的葉海龍顏色則沒有這麼明亮，牠們的身體主要是灰褐色或者酒紅色，體側的縱條紋是白色的，附肢則是綠色的或黃棕色的。

都是生活所迫，不得不做出的選擇啊！

隨時隨地藏起來！

為了更好地隱藏自己，葉海龍會選擇海藻密集的水域生活。

葉海龍雖然身姿優雅，被很多人譽為「最優雅的泳客」，但牠們的游泳水準很普通，牠身體堅硬，流動性差，只能靠快速擺

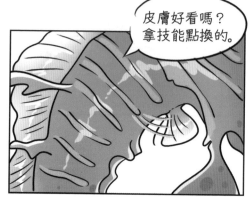

皮膚好看嗎？拿技能點換的。

動臀鰭和腹鰭來實現移動，所以很多時候牠們都選擇「隨波逐流」，或者靠調整鰾中的空氣量來保持懸浮和在水中垂直上下移動。

我也控制不住我自己啊！

也因為這樣，牠們很少生活在水流湍急的水域裡，一般都選擇水流平緩的水域。即使這樣，在遇到強大的洋流或暴風雨的時候，牠們也有可能因為過度疲勞而死亡。

游泳水準也導致葉海龍難以承受長距離的遷徙，所以當葉海龍原本的棲息地遭到破壞後，牠們就只能迎接死亡了。

「龍離」鄉賤！我誓死不離開我的故土！

成年葉海龍因為偽裝技術成熟能夠輕易地避開天敵的追蹤，萬不得已的危急時刻還可以用體側的尖刺和天敵進行殊死搏鬥，爭取一線生機。但幼年時的葉海龍偽裝技術一般，游泳能力又弱，在天敵面前就像待宰羔羊，幾乎沒有反抗或者逃跑的能力。

能長大真是太不容易了。

要是給我身上裝個火箭就好了，我保證跑得比誰都快！

葉海龍雖然長得像植物卻是地道的肉食性動物。牠們主要以小型甲殼類、浮游生物、海藻和其他細小的漂浮殘骸為食。不過葉海龍沒有牙齒，也沒有什麼爆發力，雖然牠們憑藉著絕佳的隱身技術可以潛伏在海藻中搞偷襲，不過也沒有辦法突然竄出去一口咬住獵物。

為了填飽肚子，葉海龍決定挑選一樣好用的工具，那就是一根長長的「吸管」。這根「吸管」就是牠們的嘴，牠們捕食時會瞄準獵物，將吻下部撐大，大力地吭吸，直至把獵物吸入嘴中直接吞下。

用吸管多優雅！

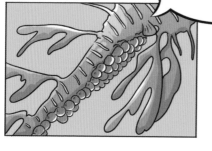

自備嬰兒床！
省錢又省事！

葉海龍和海馬一樣，都是由雄性負責孵化後代。葉海龍沒有特定的繁殖季節，一年中的任何時間都可以進行繁殖，在雌性葉海龍產下卵後，雄性葉海龍就會在尾部長出許多毛細血管，然後形成卵托用來孵化受精卵。

雖然孵化期有6～8週，是一段漫長又辛苦的時間，但好在小葉海龍一破卵而出就可以獨立生活。在「吸管」沒有長好前，牠們會依靠卵黃囊提供的營養生活2天，等到牠們的吻變長變硬，可以進行捕獵的時候，牠們就會開始自己的冒險了。

老婆產卵我孵卵，模範老公就得選我喔！

模範老公

不但「駐顏有術」
還是「不死之身」。

既耐冷也耐熱，
水熊是地球上生命力最強的生物之一。

水熊不是熊，而是一種身體大小不會超過1公分的緩步動物，牠們只是身體圓胖，看起來像一隻憨態可掬的小熊。牠們並不是只生活在海洋裡，地球上的每一種水域裡幾乎都有牠們的身影，而且從某種程度上來說，牠們簡直可以說是「水中最強生物」。

過獎了，但是是真的。

水熊的身體構造很奇特，牠們的身體由頭部和4個體節構成，頭部的嘴中有兩個向前的突出，一個用於刺進食物，另一個則是吸收工具，每個體節上都長有一雙腿，腿上又有爪子。水熊的身體幾乎只有腦袋，有一種解釋便是水熊在不斷地進化中失去了與體節發育有關的基因，所以身體沒有繼續演化。水熊長成現在的樣子，說是在腦袋上長出了8條腿也毫不誇張。

難道是我的親戚？

我可沒有你這麼弱的親戚。

水熊身體的演化程度雖然一般，但卻是地球上生命力最強的生物之一，也是最古老的生物之一，可以追溯到5億年前的寒武紀。

水熊從一孵化就是成年體態，只不過剛孵化的時候個頭較小，但隨著一次次的蛻皮，牠們的身體會慢慢變大，但無論牠們變得多大，樣子始終是小時候的樣子。

真正令水熊引以為傲的不是牠的「駐顏有術」而是牠的「不死之身」。水熊能夠忍耐極寒和極熱，牠們的耐受溫度範圍在攝氏-200～149度。

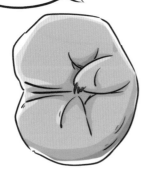

更恐怖的是，水熊的忍耐力超強，牠們對於極端溫度的忍耐可不是以分鐘和小時計算的。
在極端溫度中，水熊會排除體內的水，收回肥胖的腿，蜷縮成球狀，維持一個脫水的「假死」狀態。

等到溫度恢復正常，牠們會重新為身體補水，再把胖乎乎的小腿伸出來，像睡了一個好覺一樣伸伸懶腰，就好似之前什麼都沒有發生一樣繼續生活。有研究顯示，水熊的身體裡能產生一種特殊蛋白質，這些蛋白質將水熊細胞內的流體轉化為一種玻璃樣物質，保護水熊的生理結構，讓水熊抵禦極端的溫度。不過這種蛋白質並不是一直產生，只有在水熊受困在極端溫度下才會產生。

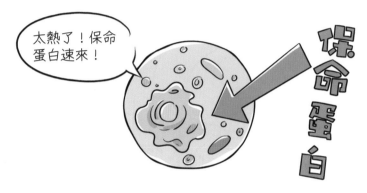

太熱了！保命蛋白速來！

保命蛋白

曾經有科學家在攝氏-20度的冰箱裡凍了兩隻水熊，30年後才將這兩隻水熊取出來。

我都懷疑科學家把我們給忘了！

沒想到僅一天，一隻水熊就重新補水，徹底活了過來。22天後牠的身體裡還產生了卵子，最終產下了19個卵，其中14個順利成活。

活都活了，順便生幾個孩子吧！

水熊除了能夠忍受極端溫度，還有超強的抗壓能力，牠們能耐受高達最深海底壓力6倍的壓力。在同等壓力下，人早就被壓變形了，但水熊安然無恙。

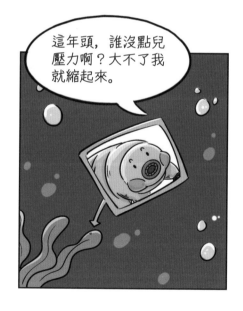

這年頭，誰沒點兒壓力啊？大不了我就縮起來。

水熊還能在長期缺氧的環境中生存，並且能夠承受高倍數的放射線，是人類致死劑量的數百倍。科學家曾在高於海平面 25.8 萬～28.1 萬米的低地球軌道中，將兩批脫水的成年水熊及其卵子分別暴露在真空和放射線環境中。10 天後脫水的水熊們成功補水復活。只不過暴露在真空中的水熊存活率更高，而暴露在放射線中的水熊存活率明顯低些。

科學家還曾模擬過人類滅絕的災難性場景，包括隕石爆發燒毀地球、太陽膨脹成紅巨星吞沒地球和小行星撞擊地球⋯⋯ 但在每一種實驗裡，水熊都安然無恙。

因為水熊強悍的生存能力，所以牠們被選入了「月球圖書館」。2019年2月21日，美國太空探索公司發射了以色列首架月球探測器——「創世紀號」，探測器上除了攜帶了一面以色列國旗外，還裝載著一個「月球圖書館」。「月球圖書館」由25層鎳組成，前4層包含大約6萬幅高圖元書頁圖像，其中有語言入門指南、教科書和用於打開 其他21層的金鑰；後21層則是包含《英語大百科全書》在內的上萬冊經典書籍。但和牠最後裝入的東西相比，還是不夠震撼，因為「月球圖書館」最後裝入了一些脫水的水熊。而且在與月球圖書館連接的帶子上還有另外數千隻已經脫水的水熊。

但因為技術故障，導致「創世紀號」脫離軌道，它在墜毀後直接撞向月球表面，甚至把月球表面砸出了一個坑。

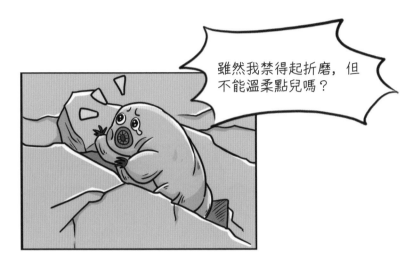

「創世紀號」失聯，水熊的下落也無從可知。我們也無法知曉，牠們到底是憑藉著「不死之力」成功占領月球，還是也在忍受了漫長的缺氧和極寒後毫無希望地死在了月球上。

當然也有很多人大膽猜測，甚至有人幻想出一部科幻電影，水熊可能在月球上演化出了更強的生存系統。當水熊發生可怕的變異，從1公分的「小動物」變成了駭人巨獸，甚至產生智慧，憑藉「不死之身」、超強戰力建立自己的帝國後，重返地球，會為人類帶來毀滅性的災難⋯⋯

至此，宇宙中有一個水熊帝國，稱霸星際，統治宇宙。水熊帝國中的每一位水熊戰士都有「永恆不死」的能力⋯⋯